人间是无垠的宇宙 *Universe*

是闪闪发光的星 *Star*

在浩瀚星海中 *Sea of stars*

我找到了独属于自己的那一颗 *My own*

BENKU

一 本 言 色　　万 般

每个人都

永久
编号 ......

命名人 ......

所属
星系 ......

发现
日期 ......

星球
特征 ......

扫描100 % ......

我登陆了。

我的独属小星球

嗨迪 编著

长江出版社
CHANGJIANGPRESS

漫娱图书

收集晚霞的色彩，

剪裁云朵的形状，

抬头看温柔月色，

摘录灵感的微光。

在这颗属于你一个人的小星球上，

捡起人间散落的零星美好，

那些看似孤独的落寞时光，

也能被全宇宙的温柔星辉照亮。

从今天起，用心灌溉这颗星球——

我的树洞时间

My Tree-hole Time

Part 1

每一件心事都是一颗星，
坠落在我的星海。

此时此刻，这首歌能表达我的心情：

0:00　　····|··|·|·|||||·||···|||||··　　0:00

开启洗脑循环模式

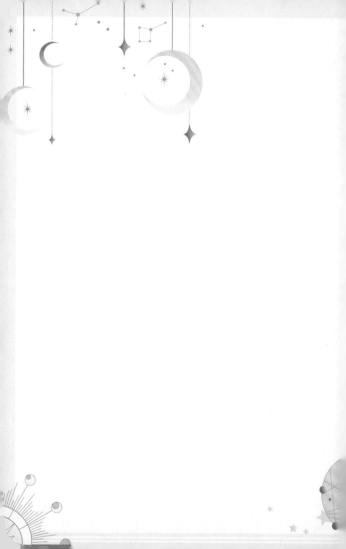

年 月 日

我把一些秘密写在了下面这些小纸条上，

接下来把这两页用订书机钉起来吧，

让这些秘密永久封存起来。

这是我的“胡言乱语”页，
我可以在这里毫无保留地收藏那些细碎的思绪。

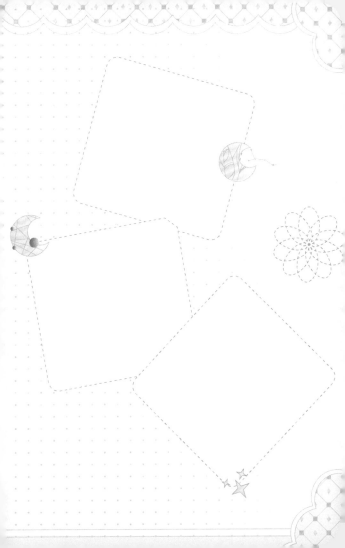

今天生了一天闷气，

把这一页卷起来，

用尽全力吹一口气，好啦，烦恼都消失了。

年　月　日

我最想问朋友的问题 TOP10

1.

2.

3.

4.

5.

6.

7.

8.

9.

10.

改天和朋友来一场面对面的真心话交流吧。

心情不好的时候就喝一杯奶茶，
并把每次点单的口味都记录下来。
甜食是我的治愈良药。

年

月

日

奶茶小票收集区

年 月 日

我现在正在 _____ ,
随手画个表情表达一下我此刻的心情吧。

现在来跟着这一页舒展一下身体。

OK，感觉舒服多啦。

年

月

日

我在身边找了各种各样红色的东西

来给下面这些爱心填色，

这都是送给自己的小心心。

身边的人对我说了让我难过的话，

_____

_____

_____

_____

记下来，给它画上巨大的红叉。

再见吧！

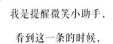

年 月 日

我是提醒微笑小助手，

看到这一条的时候，

就模仿下面的表情笑一下！

年　月　日

我的待购清单:

每一个暂时无法得到的东西都记在这

里，总有一天我一定能拥有它们。

坏心情清扫页:

我在这里记下了一些让自己感到不快的事, 一条一条地涂掉它们, 又是一身轻松。

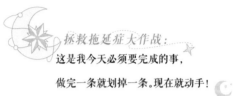

拯救拖延症大作战：
这是我今天必须要完成的事，
做完一条就划掉一条。现在就动手！

年　月　日

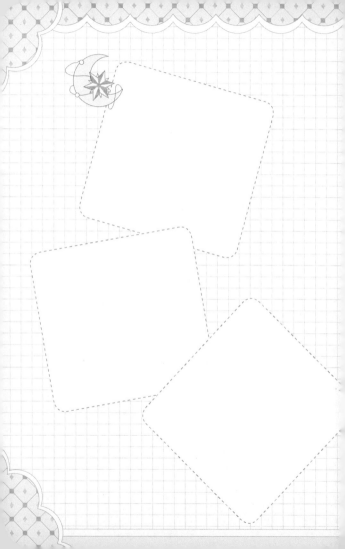

年 月 日

这里是我的遗憾信箱。我把"那件事"
投递到了这里，我一定会释怀的。

独处时，

我心中的小怪兽应该是长这样的：

也许它很可爱，也许它很自信，也许……

这里是我永远不会给那个人
发出的信息。

年
月
日

发送

年　月　日

这里是我的快乐源泉小瓶子，我把能
让我感到快乐的事物都记了下来。

聊天时，听到朋友无意间提到了喜欢的东西，我要在这里记下来，下次给他个惊喜，嘻嘻。

年　月　日

深呼吸是最好的放松心情的办法。
好了，现在来跟着做吧。

吸气

呼气

重新来认识一下自己：

我身上有这些"闪光点"……

年 月 日

回想一下，
我上一次感到开心是因为什么事情？

年　月　日

今天我做了这些无关紧要的小事。

虽然它们很微小，却让我感受到了快乐。

用二十天来记录我的心情颜色吧。

Part 2

我的灵感切片

My Inspiration Slice

收集全宇宙的灵光一闪

我觉得，
我的大脑构成应该是这样的……

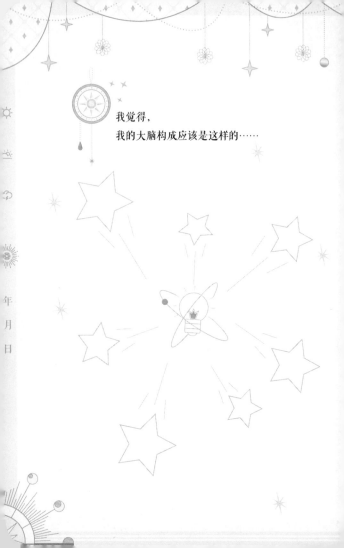

今晚月色真美，

想创作一首小诗记录这一刻：

我以今天看到的一个陌生人为主角，

在这里创作了一个好莱坞式的故事。

年　月　日

在书店随便看看，

我居然把一排书名连成了一首诗。

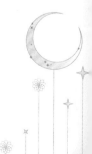

我用今天在路上收到的传单，
在本页完成了一幅拼贴画。

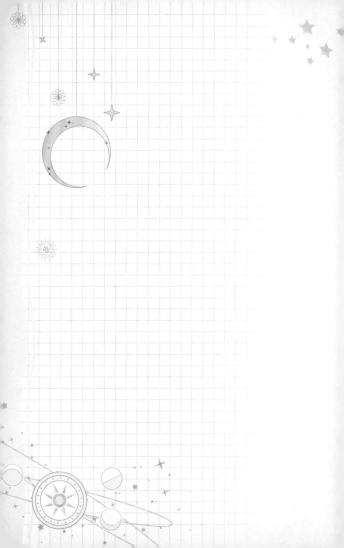

年 月 日

开会的时间真漫长，

给自己设计几款特别的签名吧。

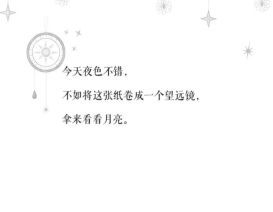

今天夜色不错，

不如将这张纸卷成一个望远镜，

拿来看看月亮。

刚才看的电影实在是太烂了！

我可以在这里写满两百字的吐槽。

年　月　日

刚才做了一个好有趣的梦，
赶紧在遗忘之前记下它。

年　月　日

远处两个人正在说话，
虽然我听不清他们在说什么，
但根据口型，我觉得他们一定在说……

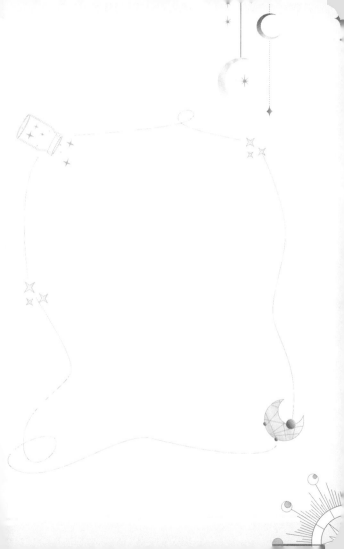

随手拿起身边一个物品，
盖在纸上画出它的轮廓线，
再加工一下，这就是我绝妙的创作。

回家路上的夕阳总是格外好看，

把这一页涂满好看的夕阳色吧。

我画下了人群中让我印象最深刻的那个陌生人的背影。

现在我的脑海里一团乱，
但我可以整理一下：

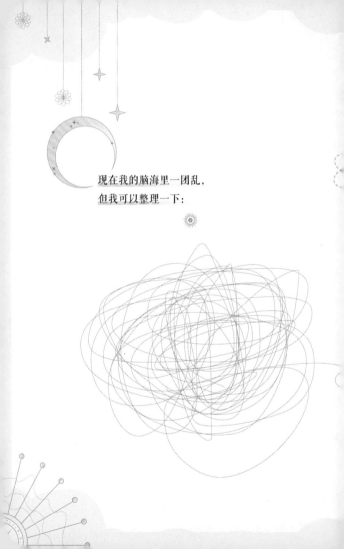

commemorate ▶

年
月
日

现在，抬头看看天空，我看到了……

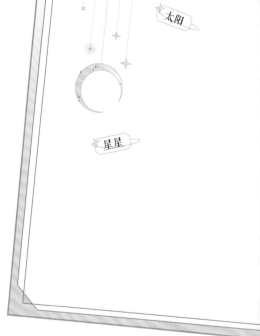

太阳

星星

流星

飞鸟

月亮

云朵

用下面的代码语言记录一次我的出行：

向右走

向前行

原地停留

向左走

树

年

月

日

十字路口

男人

后退

垃圾桶

有水的地方

我得到了一张超厉害的地图！

这是一段意识流：

我现在正在想……

我在图书馆里看到了几本名字很有
意思的书，我把它们记了下来：

我觉得我可以用这些书名来创作一个
脑洞故事。

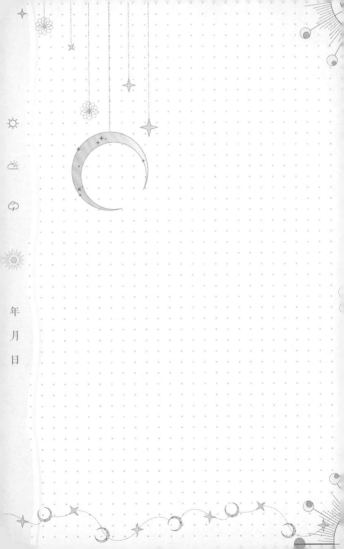

年

月

日

今天来给自己设计一身绝妙的穿搭吧。

说不定我也有当设计师的天赋呢。

我用自己的脸设计了一个表情包，
哈哈哈哈。

今天容许自己"恋爱脑"一下：我喜欢的人，一定要有这些特质。

☁   ⛅   ☀

年　月　日

如果每个人都能用食物来形容，
那么我一定是……

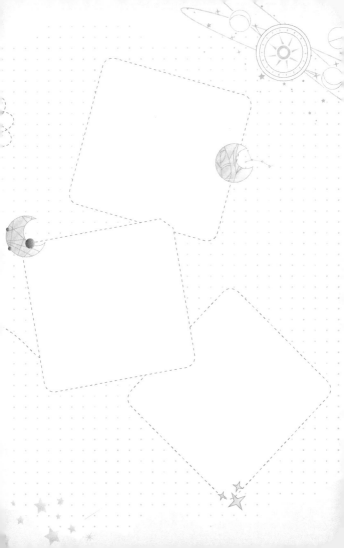

在这里列举一下要追的番剧，
一部一部补完它们！

年　月　日

我的追剧时刻表。

我可以给这些小方块画上不同的花纹。

我从手机里面找了一张最想画的照片，

在这里临摹下来。

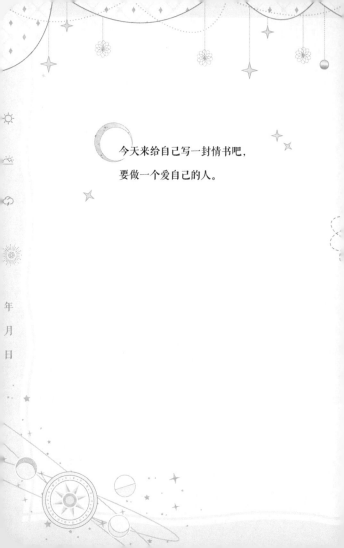

今天来给自己写一封情书吧，
要做一个爱自己的人。

年

月

日

Part 3

我的专属快乐

My Exclusive Happiness

挽着月亮看人间。

收集晚霞的颜色，染在这一页上。

年　月　日

这辈子一定要看一次流星，

先在这里模拟一下要许的愿望吧。

今天看电影时，

我听到了一句特别喜欢的台词，

摸黑也要记录下来：

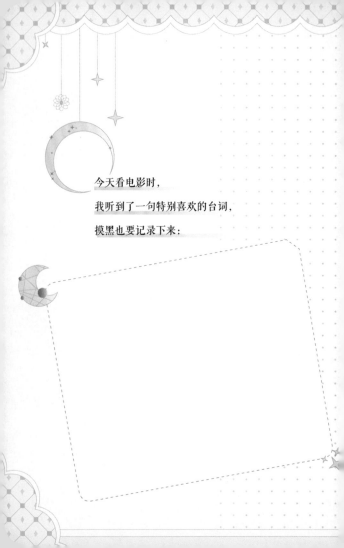

——出自电影《　　　》

每天都选择一项去完成吧！

总有一天我能填满这个勇气瓶。

_____的大冒险挑战页

　　这些是我一直想尝试的事情：

/.品尝一种自己从来没喝过的饮料；

2.去一家新开的餐厅点菜吃；

3.来一场说走就走的短途旅行；

_____

_____

_____

_____

我在这些空格里写了一些祝福的话语，

可以裁下来，随便将它们塞在哪儿。

不知道哪些有缘人会得到这份神秘的善意。

在转盘里写下接下来最想去的地方，

用笔做指针，转一转，现在就出发。

今天是回到儿时的日子。

我买了一种小时候最喜欢吃的糖，
把糖纸贴在了这一页。

糖纸粘贴区

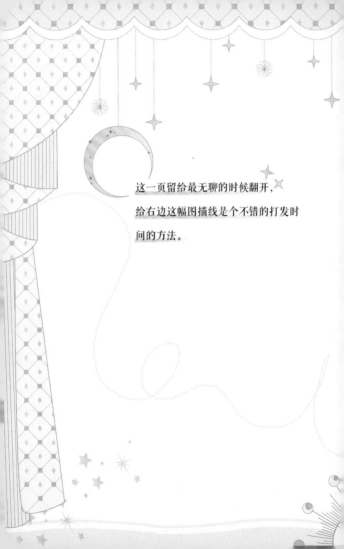

这一页留给最无聊的时候翻开，给右边这幅图描线是个不错的打发时间的方法。

年　月　日

在网红餐厅打卡吃了一顿饭，
这些菜味道很棒，强烈推荐！

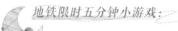

地铁限时五分钟小游戏:

一手画方一手画圆，我能画到什么程度呢?

未来有无限可能，
也许某天真的能实现呢

年　月　日

为自己制定一次最遥远的旅游计划。

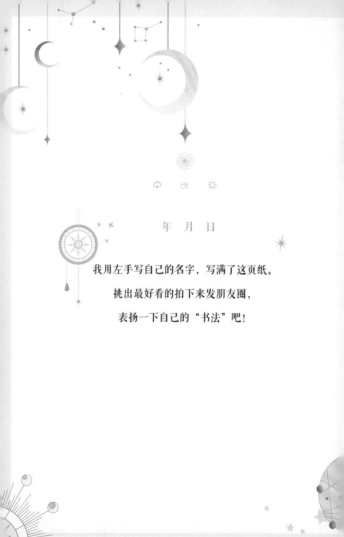

年　月　日

我用左手写自己的名字，写满了这页纸。

挑出最好看的拍下来发朋友圈，

表扬一下自己的"书法"吧！

年　月　日

今天是剁手日——

我买下了购物车里躺了很久的宝贝，

让自己开心开心。

年　月　日

坐车时，

我画下了前面那个人的后脑勺。

今天我试了试做奶茶的网红配方，感觉超棒。

年

月

日

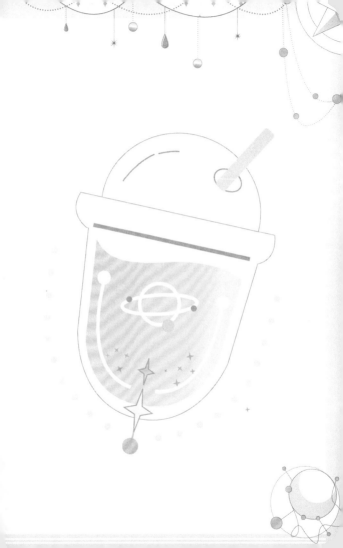

年　月　日

这张纸上都是我想到流口水的食物，
我计划 ＿＿＿＿＿ 就去吃掉它们。

虽然现在吃不到，想想总是可以的吧。

唱 K 的时候翻到了这一页，

放在面前，现在我觉得自己是绝世歌王！

哇，这是什么天籁之音！

这种美妙歌喉是真实存在的吗？

今天也为你的歌声所倾倒呢!

求求你快出专辑吧! 我买爆!

不愧是你!

1. 折出折痕。

2. 撑开向右压平。

3. 成此形状，
其他角相同。

4. 将上下层折过。

5. 沿虚线拉折。

6. 折上，其他角相同。

7. 前后两张
均对折。

8. 沿虚线拉折。

9. 其他角相同。

10. 卷折花瓣，打开。

11. 大功告成！

我按着这些步骤叠了一朵小花，
插在了路边的花坛里。

年　月　日

游乐场一日游！

在这一页写下我绝对不敢挑战的三个项目：

1.

2.

3.

好了，现在我可以去"圣地巡礼"了。

今天吃什么?

现在，我闭上眼睛在心里默想一个数字，
按从左到右的顺序数过去，
最终停在哪一道菜上，就吃这道菜吧。

青椒肉丝

宫保鸡丁

鱼香肉丝

梅菜扣肉

红烧肉

可乐鸡翅

麻辣鸡丝

糖醋排骨

宫保鸡丁

锅包肉

番茄鸡蛋

番茄牛腩

地三鲜

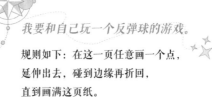

我要和自己玩一个反弹球的游戏。

规则如下：在这一页任意画一个点，
延伸出去，碰到边缘再折回，
直到画满这页纸。

这是全世界独一无二的魔法涂鸦！

20 年后的 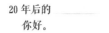 ：

　　你好。

年　月　日

今天来给未来的自己写一封信吧。

我以自己做过的印象最深刻的一个噩梦为开头，
在这里创作了一篇短短的惊悚小说。

假如变成动物，

我看起来应该是这样子的：

年　月　日

设计一个全世界独一无二的奖杯送给自己吧！

Part 4

我的微观世界

My Micro-world

我是自己亲爱的旅伴，
奔走在世间的零星温柔中。

年　月　日

今天闻到了一种很独特的香味，

在这张纸上熏一熏，

将它永久收藏起来。

阳光真好。

地上有几片好看的树叶，

好适合拿来创作。

放空思绪的时候，
我总能注意到周围的声音：

吵闹的：

让人心情愉快的：

奇奇怪怪的：

最特别的：

其实每一种声音都是独一无二的呢。

在餐厅吃饭的时候听到了一段很有意思的对话，我把它记录了下来：

commemorate ▶

今天在书店里发现了一本很有意思的书。我随机翻开其中一页，记录下了我看到的第一个句子。

我挑选了天空中形状最可爱的一片云，
将它画在了这里。

逛街的时候看到了一个超有意思的店名，
我把它记录了下来。

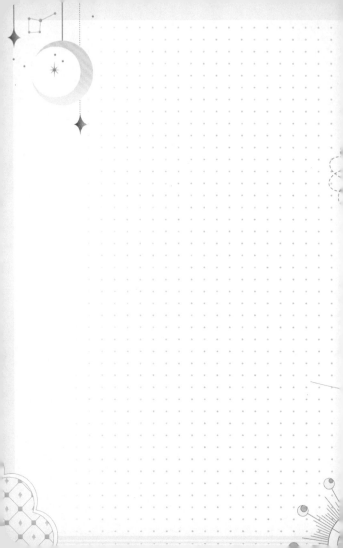

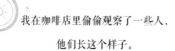

年　月　日

我在咖啡店里偷偷观察了一些人，

他们长这个样子。

在路边小店里听到了一首还不错的歌，

脑补了一下歌词，应该是这样：

回头搜一搜，没想到，我的"空耳"能力竟然有　　　　　　　　分呢。

年　月　日

商场上方的大屏幕正在播_____。

我喜欢！

年 月 日

在回家路上捡到了一颗特别的小石头,

它是 _____ 形状的,

收藏起来吧。

我能捕捉风的方向——

伸出手，根据我的绝妙判断，

此时风向应该是……

我正在人声鼎沸的车站等车，
听到了好多感叹词：

呃

这个

嗯

好的

对

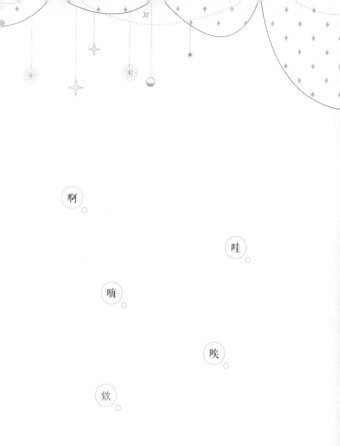

啊

哇

嗨

唉

欸

看来大家说话都很有个人特色呢。

这是我最近喜欢上的一首新歌，

希望能早点学会唱它。

咦，路边有小猫在叫。

听说每一只猫的叫声都不一样，

我觉得它在说……

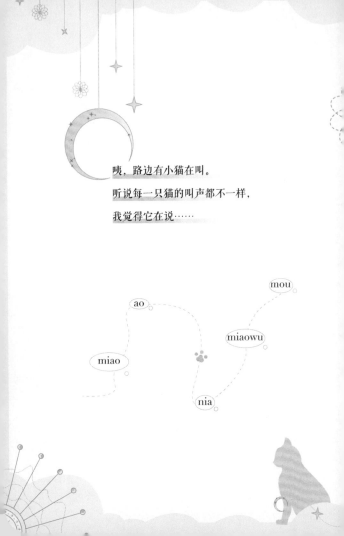

mou

ao

miaowu

miao

nia

沿着虚线裁切出窗子的轮廓，
就可以外出取景啦。

路过水果摊，挑挑拣拣，

发现了一个 _____ 形状的，

真棒。

以后有机会也染这个颜色吧！

年　月　日

在街上看到有人染了一种超好看的发色，

是这种颜色：

在我身边的事物中，
这些可以拼凑出"忧郁"的色彩。

年

月

日

在我身边的事物中、
这些可以拼凑出"快乐"的色彩。

每到下雨天时，

街上就开满了五颜六色的"花"。

听到了一条好消息，

我把它记在了这里。

这个世界真是美好又温柔呀。

年　月　日

　　　　看向窗外，
今天外面的风景多了一些与众不同的地方：

奇特经历事件簿：

我好像总能碰到一些奇奇怪怪的事呢……

年　月　日

与第一次打开这本书相比，
我的世界多了这些不同……

我的独属星球
评估表

经过 _____ 天的努力，

我总共完成了 _____ 项星球培育指南任务，

其中，
让我最快乐的一次是 _____ ;

最讨厌的一次是 　　　　　　　　　　　　　　　；

印象最深刻的一次是 　　　　　　　　　　　　　。

我达成了这些星球标签

手工达人
完成三件实物作品

艺术制造机
完成五次创作任务

色彩采集工匠
进行五次与颜色有关的任务

心灵抚慰师
在"我的树洞时间"中完成二十项任务

独行冒险家

在"我的专属快乐"中完成二十项任务

灵感捕捉狂

在"我的灵感切片"中完成二十项任务

细节发掘者

在"我的微观世界"中完成二十项任务

自成恒星

完成八十件一个人进行的任务

我的星球培育完成度:

0% □□□□□□□□□□□□ 100%

✦ 最后，我想对陪伴我的这颗星球说:

_____

_____

_____

图书在版编目（CIP）数据

我的独属小星球／嗨迪编著. —武汉：长江出版社,2020.4
ISBN 978-7-5492-6792-7

Ⅰ.①我… Ⅱ.①嗨… Ⅲ.①本册 Ⅳ.①TS951.5

中国版本图书馆CIP数据核字（2019）第259522号

本书由天津漫娱图书有限公司正式授权长江出版社,在中国大陆地区独
家出版中文简体版本。未经书面同意,不得以任何形式转载和使用。

我的独属小星球／ 嗨迪 编著

出　　版	长江出版社			
	（武汉市解放大道1863号　邮政编码：430010）			
选题策划	漫娱　彭芷伊			
市场发行	长江出版社发行部			
网　　址	http://www.cjpress.com.cn			
责任编辑	李　恒			
总 编 辑	熊　嵩			
执行总编	罗晓琴	开　本	890mmx660mm，特规1/3	
装帧设计	吴穆奕　邓　婕	印　张	6.5	
印　　刷	中华商务联合印刷（广东）有限公司	字　数	20千字	
版　　次	2020年4月第1版	书　号	ISBN 978-7-5492-6792-	
印　　次	2020年7月第1次印刷	定　价	29.90元